DANAs:

Las Tormentas que Despiertan Conciencias

Francisco José Hurtado Mayén

Disclaimer

Este libro está inspirado en eventos climáticos en curso y se basa en información y datos disponibles hasta la fecha de publicación. Sin embargo, dada la naturaleza dinámica y en constante evolución del cambio climático y sus efectos, algunos datos y estadísticas pueden haber cambiado o evolucionado desde su recopilación.

El autor se esfuerza por presentar la información de la manera más precisa y actualizada posible, pero no garantiza la exactitud o la completud de todos los contenidos. Se recomienda a los lectores verificar las fuentes y mantenerse informados a través de canales oficiales y actualizados sobre el cambio climático y sus implicaciones.

Este libro busca fomentar la reflexión y el diálogo sobre la acción climática y su impacto en nuestras vidas y comunidades, y no debe considerarse un documento técnico o científico exhaustivo.

Contenido

Una Llamada a la Conciencia y la Acción

Soy Francisco José Hurtado Mayén, y durante más de 20 años he colaborado con diversas empresas en el ámbito industrial. A lo largo de mi trayectoria, he participado en proyectos que buscan equilibrar el progreso tecnológico con la sostenibilidad ambiental. Esta experiencia me ha permitido comprender profundamente cómo nuestras acciones, tanto a nivel individual como colectivo, impactan directamente en el medio ambiente.

La motivación para escribir este libro surge de la necesidad urgente de concienciar sobre la influencia humana en el cambio climático. No se trata únicamente de presentar datos o teorías científicas, sino de invitar al lector a reflexionar sobre su papel en este desafío global. Mi objetivo es que, al finalizar estas páginas, cada persona se sienta inspirada a adoptar cambios en su vida cotidiana y a promover acciones que contribuyan a mitigar los efectos del cambio climático.

Este libro pretende ser una herramienta para despertar conciencias y fomentar una mentalidad proactiva. Juntos, podemos construir un futuro más sostenible y resiliente para las generaciones venideras.

Quiero dedicar unas palabras a todas las personas afectadas por la reciente DANA que ha golpeado España en 2024. Este fenómeno extremo ha dejado huellas profundas tanto en quienes lo han sufrido directamente como en sus comunidades. Las pérdidas materiales y los desafíos personales que aún se están evaluando nos recuerdan la vulnerabilidad humana frente a la fuerza de la naturaleza. Este libro se escribe con la esperanza de que estos eventos no se conviertan en una constante y que podamos tomar medidas para mitigar su impacto en el futuro. A todos aquellos que han experimentado los efectos devastadores de esta DANA, mi más sincera solidaridad y apoyo.

Este libro tiene un propósito claro: llegar a quienes aún no comprenden la magnitud del cambio climático y su conexión directa con nuestras acciones diarias. No es solo un texto informativo; es una invitación a reflexionar sobre nuestro papel en el mundo. Quiero que cada lector vea el cambio climático no como un problema ajeno o distante, sino como una realidad que nos concierne a todos. La intención es que al finalizar estas páginas, cada uno se sienta motivado a adoptar acciones que puedan marcar una diferencia y a sumarse a las soluciones necesarias para mitigar sus efectos.

Aunque el cambio climático ya es una realidad innegable, aún tenemos la oportunidad de reducir su impacto y prepararnos para lo que pueda venir. Este no es un libro que busque crear alarmismo o desesperanza; por el contrario, es un recurso para encontrar razones y formas de actuar, y de construir un futuro más resiliente. Quiero que el lector sienta que estamos a tiempo de transformar nuestras acciones y de prepararnos mejor ante los fenómenos adversos que podrían intensificarse. El objetivo final es crear un futuro en el que nuestras decisiones de hoy nos permitan vivir de manera más armoniosa con el planeta, asegurando así un entorno seguro y sostenible para las generaciones venideras.

Un Mar en Crisis

El Mediterráneo: Frontera del Cambio Climático

El Mar Mediterráneo, con su belleza y riqueza natural, es mucho más que un destino turístico. Este mar semicerrado, que conecta Europa, Asia y África, ha sido históricamente un cruce de caminos y un espacio de intercambio cultural, comercial y político. Desde tiempos antiguos, la cuenca mediterránea ha sido el hogar de civilizaciones que florecieron gracias a su clima templado y a la abundancia de recursos naturales. Culturas tan diversas como la egipcia, griega, romana y fenicia han dejado su huella en sus costas, creando un legado cultural que se percibe en cada rincón.

La importancia del Mediterráneo no es solo histórica, sino también ambiental y económica. Es uno de los puntos de biodiversidad más significativos del mundo, albergando una variedad de especies marinas y terrestres que dependen de sus ecosistemas únicos. A nivel económico, el Mediterráneo sigue siendo un eje crucial para el comercio mundial, con sus puertos sirviendo de puente entre continentes y facilitando el transporte de bienes. Las actividades pesqueras, agrícolas y turísticas también juegan un papel vital en la economía de la región. Sin embargo, estas mismas actividades están íntimamente ligadas al equilibrio ambiental y dependen de un clima estable para su prosperidad.

La relación entre el clima y la civilización en la cuenca mediterránea ha sido siempre un factor determinante en la vida de sus habitantes. Las estaciones marcadas y el clima suave permitieron el desarrollo de prácticas agrícolas que dieron origen a productos emblemáticos como el aceite de oliva, el vino y los cítricos, pilares de la dieta mediterránea. Los ciclos climáticos predecibles guiaron la construcción de ciudades, la organización de las cosechas y la planificación de rutas comerciales. En esencia, el clima ha sido un motor para la vida y la cultura mediterráneas, condicionando sus hábitos, su economía y sus costumbres.

Sin embargo, este delicado equilibrio se está viendo alterado. En las últimas décadas, el cambio climático ha comenzado a transformar la región de maneras impredecibles y, a menudo, devastadoras. Fenómenos como las olas de calor extremo, los incendios forestales más frecuentes, la erosión costera y las tormentas severas, incluyendo las Depresiones Aisladas en Niveles Altos (DANAs), son señales de que el Mediterráneo está en la primera línea de los efectos del calentamiento global. Las alteraciones en los patrones de lluvia y temperatura no solo amenazan los ecosistemas, sino también la seguridad alimentaria, el turismo y las economías locales.

El Mediterráneo es, en muchos sentidos, un microcosmos de lo que está ocurriendo a nivel global. Sus problemas reflejan los desafíos que enfrenta el mundo entero ante el cambio climático. A medida que aumentan las temperaturas y cambian los patrones meteorológicos, la región se convierte en una frontera climática, donde los efectos del calentamiento global se hacen palpables. Esta situación demanda una respuesta colectiva y urgente que permita a los países mediterráneos no solo adaptarse a los nuevos desafíos, sino también liderar un cambio hacia un desarrollo sostenible y respetuoso con el medio ambiente.

En este contexto, el Mediterráneo se convierte en un laboratorio viviente para entender la conexión entre clima, cultura y supervivencia. La historia de la región es una lección de cómo el clima ha dado forma a las civilizaciones, y ahora, en la era del cambio climático, la pregunta es cómo las civilizaciones responderán a los desafíos que el nuevo clima les plantea.

Revolución Industrial y el Punto de No Retorno

La Revolución Industrial, iniciada a mediados del siglo XVIII en Gran Bretaña, marcó uno de los cambios más radicales en la historia de la humanidad. Hasta entonces, las sociedades dependían en gran medida de fuentes de energía limitadas, como la madera, el viento y el agua. Sin embargo, el descubrimiento de los combustibles fósiles y su potencial energético abrió un nuevo capítulo en la evolución humana. El carbón, y más tarde el petróleo y el gas natural, permitieron desarrollar maquinarias capaces de transformar la producción agrícola, la manufactura y, en última instancia, todos los aspectos de la vida económica y social.

Este proceso, que comenzó con la mecanización en la industria textil y se extendió a la minería, el transporte y la construcción, impulsó un crecimiento económico sin precedentes. Las ciudades crecieron, se construyeron ferrocarriles y fábricas, y la vida se aceleró a medida que las máquinas reemplazaban el trabajo manual y aumentaban la producción. Sin embargo, esta aceleración en el desarrollo tecnológico trajo consigo una dependencia de los combustibles fósiles que se ha convertido en el centro de uno de los mayores desafíos de nuestra era.

La industrialización cambió radicalmente la relación de la humanidad con el entorno natural. Al quemar grandes cantidades de carbón para alimentar fábricas y trenes, las emisiones de dióxido de carbono (CO_2) comenzaron a acumularse en la atmósfera. En esa época, se desconocía el impacto que estos gases podían tener en el equilibrio climático de la Tierra, y las emisiones no eran vistas como una amenaza. Sin embargo, la cantidad de gases de efecto invernadero generados por el uso de combustibles fósiles comenzó a alterar la composición de la atmósfera, aumentando la capacidad de retención de calor y desencadenando cambios en el clima que apenas se estaban comenzando a entender.

Este punto de no retorno, en el que la humanidad se volvió dependiente de los combustibles fósiles, dio inicio a una era en la que el crecimiento económico y el aumento de las emisiones de gases de efecto invernadero se volvieron inseparables. La industria, el transporte, la electricidad y, en última instancia, nuestras vidas cotidianas comenzaron a girar en torno al uso de estas fuentes de energía que, si bien aceleraron el progreso humano, también sembraron las semillas del cambio climático que hoy enfrentamos.

La Revolución Industrial, en su búsqueda de eficiencia y progreso, modificó el equilibrio climático global. Las concentraciones de CO_2 en la atmósfera han aumentado drásticamente desde entonces, y hoy sabemos que este gas, junto con otros como el metano y los óxidos de nitrógeno, forma una capa en la atmósfera que atrapa el calor y aumenta la temperatura de la Tierra. Este fenómeno, conocido como efecto invernadero, es natural y esencial para la vida en el planeta, pero su intensificación debido a la actividad humana ha desestabilizado el sistema climático.

A medida que avanzaba la Revolución Industrial, el uso de combustibles fósiles continuó expandiéndose, y con él, los efectos sobre el clima. A finales del siglo XIX y principios del XX, la quema de carbón en las fábricas y la aparición del motor de combustión interna, que utilizaba petróleo, incrementaron de manera exponencial las emisiones de gases de efecto invernadero. En ese momento, se percibía como un signo de progreso y modernidad, sin considerar las repercusiones ambientales. La atmósfera fue vista durante siglos como un recurso inagotable, capaz de absorber las emisiones sin consecuencias significativas.

Ahora sabemos que esta percepción fue errónea. La industrialización marcó el inicio de una acumulación de gases de efecto invernadero en la atmósfera que ha cambiado el clima de la Tierra. Estamos, en cierto sentido, en una era de "punto de no retorno", en la que las consecuencias de este cambio ya son evidentes. El aumento de las temperaturas, el derretimiento de los glaciares, la acidificación de los océanos y los fenómenos climáticos extremos son recordatorios de cómo el modelo de desarrollo industrial, basado en el uso intensivo de combustibles fósiles, ha puesto en riesgo los equilibrios que sostienen la vida en el planeta.

La Revolución Industrial, por tanto, no solo fue una época de avance y transformación económica, sino también el momento en que la humanidad empezó a modificar su entorno a una escala sin precedentes. Nos encontramos hoy en un punto crítico, en el que tenemos la responsabilidad de reconocer y cambiar el rumbo iniciado hace más de dos siglos.

Antropocentrismo y Responsabilidad Humana

El cambio climático es una realidad que pone de manifiesto el rol protagónico de la humanidad en la transformación del planeta. En los últimos siglos, y especialmente desde la Revolución Industrial, el ser humano ha pasado de ser un espectador en el teatro de la naturaleza a convertirse en uno de sus principales actores. Este cambio de perspectiva, conocido como antropocentrismo, implica ver la Tierra no solo como un lugar donde la humanidad habita, sino como un espacio en el que nuestras acciones tienen un impacto profundo y duradero. A medida que avanzamos en el siglo XXI, esta idea se ha convertido en una piedra angular para entender el cambio climático y la responsabilidad que todos tenemos en su mitigación.

El concepto antropocéntrico del cambio climático propone que el ser humano es ahora el factor dominante en la alteración de los sistemas naturales. Durante gran parte de la historia, los cambios en el clima, la geología y los ecosistemas eran impulsados por fuerzas naturales. Los ciclos climáticos, las erupciones volcánicas y las variaciones solares moldearon la Tierra mucho antes de que nuestra especie tuviera una presencia significativa en ella. Sin embargo, la situación actual es distinta. La humanidad ha alcanzado un nivel de desarrollo y tecnología que le permite alterar los equilibrios naturales de manera drástica, en algunos casos de forma irreversible. Este poder conlleva una responsabilidad sin precedentes.

La transición de la humanidad de observadora pasiva a protagonista activa en el cambio climático es evidente en todas las esferas de la vida moderna. Cada una de nuestras acciones —desde el consumo de energía hasta la gestión de desechos, desde la agricultura intensiva hasta la urbanización masiva— contribuye a la dinámica climática global. Hoy, el dióxido de carbono y otros gases de efecto invernadero generados por nuestras actividades están presentes en la atmósfera en niveles que superan por mucho los de épocas anteriores. La deforestación masiva, la sobreexplotación de los recursos y la expansión de las ciudades han reconfigurado la superficie terrestre y los ecosistemas. Cada vez que encendemos una luz, tomamos un avión, o compramos un producto fabricado en otra parte del mundo, estamos influyendo en el sistema climático.

La implicación de esta nueva posición es clara: como especie, debemos aceptar nuestra responsabilidad en el cambio climático. Hemos pasado de depender de los ciclos naturales a intervenir activamente en ellos, muchas veces sin considerar las consecuencias. Este reconocimiento de la influencia humana en el clima nos obliga a reflexionar sobre nuestro papel en el mundo y nos insta a actuar para evitar daños mayores. La idea de que el cambio climático es una "crisis de responsabilidad" nos invita a replantearnos nuestras acciones y a considerar el legado que dejamos para las futuras generaciones.

Aceptar esta responsabilidad no es solo una cuestión de ética, sino de supervivencia. El planeta en su conjunto es resiliente y podría adaptarse a las transformaciones, aunque para nosotros y para muchas otras especies, las condiciones resultantes podrían ser devastadoras. Este es el momento de actuar, de reconocer que cada elección, por pequeña que sea, influye en el equilibrio global. El cambio climático antropogénico, aquel impulsado por la acción humana, es el resultado de un sistema de vida que prioriza el crecimiento y el consumo sin tener en cuenta los límites del planeta.

El antropocentrismo en el contexto del cambio climático nos llama a recordar que nuestras acciones tienen un peso y que podemos elegir cómo influir en el mundo. Lejos de ser una postura de dominio, este enfoque nos invita a la responsabilidad y a la humildad: el poder de cambiar el planeta va de la mano con la obligación de cuidarlo. Enfrentar este desafío requiere una visión renovada en la que entendamos nuestra posición y capacidad de influencia en la Tierra, pero también nuestra vulnerabilidad y necesidad de cooperación global para preservar el equilibrio del que todos dependemos.

Este reconocimiento es solo el primer paso hacia una transformación real y profunda. La humanidad, al comprenderse a sí misma como protagonista en esta crisis climática, tiene el poder —y la obligación— de revertir los daños causados y de buscar formas de coexistir en armonía con los ecosistemas. El cambio climático es, en última instancia, un reflejo de nuestras decisiones colectivas, y solo una respuesta comprometida y consciente nos permitirá avanzar hacia un futuro sostenible y seguro.

La Ciencia del Cambio Climático y el Mediterráneo

Comprendiendo el Cambio Climático

El cambio climático es uno de los mayores retos que enfrenta la humanidad, y para comprender su impacto es fundamental entender el mecanismo que lo impulsa: el efecto invernadero. Este proceso es natural y esencial para la vida en la Tierra, ya que permite que el planeta mantenga una temperatura adecuada para sustentar los ecosistemas y a las especies que los habitan, incluida la nuestra. Sin embargo, la intensificación de este efecto debido a la actividad humana está alterando el equilibrio climático y provocando un calentamiento global con consecuencias profundas.

El efecto invernadero ocurre cuando ciertos gases en la atmósfera, como el dióxido de carbono (CO_2), el metano (CH_4) y el óxido nitroso (N_2O), atrapan el calor emitido por la superficie terrestre. La Tierra recibe energía del Sol, que en parte es absorbida y otra parte es reflejada al espacio en forma de radiación infrarroja (calor). Los gases de efecto invernadero tienen la capacidad de absorber y reemitir esta radiación, reteniéndola en la atmósfera en lugar de dejar que escape al espacio. Este proceso mantiene la temperatura global en un rango que permite la vida, funcionando de manera similar a los paneles de vidrio de un invernadero que retienen el calor en su interior.

Sin embargo, desde la Revolución Industrial, la concentración de estos gases ha aumentado significativamente debido a la quema de combustibles fósiles, la deforestación, la agricultura intensiva y otras actividades humanas. Este aumento en la cantidad de gases de efecto invernadero intensifica el proceso natural, atrapando una mayor cantidad de calor y causando un incremento en la temperatura promedio de la Tierra. En pocas palabras, estamos intensificando el efecto invernadero y elevando la temperatura global a niveles que superan los rangos naturales.

El dióxido de carbono (CO_2) es el gas de efecto invernadero más abundante y uno de los principales responsables del calentamiento global. Proviene en gran medida de la combustión de carbón, petróleo y gas natural en actividades como la generación de electricidad, el transporte y la industria. Una vez liberado, el CO_2 puede permanecer en la atmósfera durante siglos, lo que significa que sus efectos se acumulan y se prolongan en el tiempo, contribuyendo al aumento sostenido de la temperatura.

El metano (CH_4), aunque menos abundante, es un gas de efecto invernadero mucho más potente que el CO_2 en términos de su capacidad de atrapar calor. El metano se libera durante la producción y el transporte de combustibles fósiles, así como en actividades agrícolas, especialmente en la cría de ganado y en la descomposición de residuos orgánicos en vertederos. Aunque su permanencia en la atmósfera es más corta que la del CO_2, su impacto a corto plazo es significativamente mayor, lo que lo convierte en un contribuyente importante al cambio climático.

Otro gas clave es el óxido nitroso (N_2O), que se libera principalmente a través del uso de fertilizantes en la agricultura y ciertas actividades industriales. Aunque está presente en menores concentraciones, el N_2O es extremadamente efectivo para atrapar calor y tiene una duración prolongada en la atmósfera, amplificando el efecto invernadero.

La combinación de estos gases ha creado una atmósfera con una mayor capacidad de retener calor, lo que ha llevado a un aumento en las temperaturas globales, conocido como calentamiento global. Este incremento en las temperaturas desencadena una serie de efectos en cascada, como el derretimiento de los glaciares y el aumento del nivel del mar, las alteraciones en los patrones de precipitación y la intensificación de eventos climáticos extremos, como olas de calor, huracanes y sequías.

Comprender cómo funciona el efecto invernadero y el papel de los gases como el CO_2, el metano y el óxido nitroso en el cambio climático es esencial para reconocer la magnitud del problema. Estos gases no solo alteran la temperatura global, sino que afectan los ciclos naturales que sustentan la vida. La acumulación de gases de efecto invernadero en la atmósfera es una prueba de la huella humana en el sistema climático, y su reducción es fundamental para mitigar el cambio climático y proteger el equilibrio ambiental del que dependemos todos.

Factores Climáticos que Impactan al Mediterráneo

El Mar Mediterráneo y su cuenca presentan características geográficas y climáticas únicas que lo convierten en una región especialmente vulnerable a los efectos del cambio climático. Este mar semicerrado, rodeado por tres continentes y con un único punto de conexión con el océano Atlántico a través del estrecho de Gibraltar, tiene patrones de circulación de agua y clima que lo diferencian de otras regiones. Además, su ubicación entre zonas templadas y zonas más áridas lo coloca en una situación climática de transición, lo que lo hace particularmente sensible a los cambios ambientales.

Uno de los factores más distintivos del clima mediterráneo es la estacionalidad pronunciada, con inviernos suaves y húmedos y veranos cálidos y secos. Esta alternancia es clave para los ecosistemas y las actividades económicas, como la agricultura y el turismo, que dependen de estos ciclos. La disposición geográfica, con montañas y cordilleras que rodean la cuenca, también influye en los patrones de precipitación y en las corrientes de aire, generando climas locales diversos dentro de la región. Estos factores geográficos y climáticos se combinan para hacer que el Mediterráneo sea una zona rica en biodiversidad, pero también una de las regiones más expuestas a los fenómenos climáticos extremos.

La cercanía del Mediterráneo al Sahara, uno de los desiertos más cálidos del mundo, también tiene un impacto significativo. En verano, las masas de aire cálido del Sahara pueden influir en el clima de la región, aumentando las temperaturas y reduciendo la humedad. Durante el invierno, la influencia de las masas de aire húmedo del Atlántico puede traer lluvias, aunque su acceso está limitado por las montañas que rodean el Mediterráneo. Estos intercambios de masas de aire generan un clima variable y complejo, que se intensifica con la tendencia de eventos extremos asociada al cambio climático.

Además de los factores geográficos y climáticos, el Mediterráneo está influido por patrones de circulación oceánica que afectan tanto el clima como los ecosistemas marinos. El mar experimenta un intercambio limitado de agua con el océano Atlántico, lo que significa que su temperatura y salinidad son altamente sensibles a los cambios. Las corrientes que circulan en el Mediterráneo están impulsadas principalmente por las diferencias de temperatura y salinidad entre sus aguas y las del Atlántico. El agua cálida y salina del Mediterráneo se hunde y fluye hacia el Atlántico, mientras que el agua menos salina del Atlántico ingresa en el Mediterráneo en la superficie, manteniendo un equilibrio.

Sin embargo, este equilibrio se está viendo afectado. Con el aumento de las temperaturas globales, el agua mediterránea se está calentando más rápidamente que la del océano Atlántico, lo que altera las corrientes y la mezcla de agua. Este fenómeno provoca una mayor evaporación en el Mediterráneo y, en consecuencia, un aumento de la salinidad, lo que a su vez influye en la circulación oceánica y en la distribución de nutrientes en el mar. Estos cambios en la salinidad y temperatura del agua no solo afectan al clima de la región, sino que también tienen consecuencias para la vida marina, modificando los hábitats y la distribución de especies en el Mediterráneo.

Los cambios en las corrientes oceánicas y en las temperaturas de las aguas están contribuyendo a fenómenos climáticos extremos, como olas de calor marinas y tormentas intensas. A medida que las aguas del Mediterráneo se calientan, la probabilidad de que ocurran eventos como las DANAs (Depresiones Aisladas en Niveles Altos) aumenta, trayendo consigo lluvias torrenciales, inundaciones y otros efectos devastadores. Estos fenómenos no solo afectan a las poblaciones costeras, sino que también tienen un impacto en los ecosistemas, en la agricultura y en el suministro de agua, que son esenciales para la vida en la región mediterránea.

En conclusión, los factores climáticos, geográficos y meteorológicos específicos del Mediterráneo hacen de esta región un punto de alta vulnerabilidad ante el cambio climático. Las alteraciones en las corrientes oceánicas y los patrones de temperatura y precipitación están remodelando un sistema delicadamente equilibrado, poniendo en riesgo no solo la biodiversidad marina y terrestre, sino también la seguridad y el bienestar de las comunidades que dependen de él. El Mediterráneo se convierte así en una región clave para comprender el impacto del cambio climático y la urgente necesidad de adoptar medidas de adaptación y mitigación en un entorno que enfrenta desafíos únicos y complejos.

Proyecciones para el Futuro del Mediterráneo

Las proyecciones climáticas para el Mar Mediterráneo indican que esta región, una de las más vulnerables al cambio climático, enfrentará cambios significativos en las próximas décadas. Los modelos climáticos utilizados por científicos alrededor del mundo muestran que, si no se toman medidas drásticas para reducir las emisiones de gases de efecto invernadero, el Mediterráneo podría experimentar aumentos de temperatura, sequías prolongadas, tormentas más intensas y una aceleración en el aumento del nivel del mar. Estas transformaciones afectarían no solo a los ecosistemas, sino también a la vida de millones de personas que dependen de los recursos naturales de la región.

Para los próximos 50 a 100 años, los modelos climáticos muestran distintos escenarios basados en el nivel de emisiones de gases de efecto invernadero. En un escenario de altas emisiones, conocido como "escenario de statu quo", donde las emisiones siguen aumentando sin políticas significativas de mitigación, se prevé un aumento de las temperaturas medias en la cuenca mediterránea de entre 2 y 5 grados Celsius para finales de siglo. Este incremento de temperatura sería superior al promedio global, lo que hace al Mediterráneo particularmente susceptible a eventos extremos, como olas de calor más intensas y prolongadas. Las temperaturas más altas también provocarían una mayor evaporación del agua, exacerbando la aridez y las sequías.

En cuanto a las precipitaciones, los modelos predicen que en un escenario de altas emisiones, las lluvias en la cuenca mediterránea podrían reducirse entre un 10% y un 30%, especialmente en los meses de verano. Esto generaría una disminución en la disponibilidad de agua, lo que afectaría tanto a la agricultura como al suministro de agua potable. Al mismo tiempo, se espera que las precipitaciones en otoño e invierno sean más erráticas y concentradas en periodos cortos, lo que aumenta el riesgo de inundaciones y de fenómenos extremos como las DANAs, con sus lluvias torrenciales e impacto destructivo.

Otro aspecto preocupante es el aumento del nivel del mar, que, en un escenario de altas emisiones, podría incrementarse entre 60 y 100 centímetros para finales de siglo. Esto tendría efectos devastadores para las zonas costeras del Mediterráneo, donde viven millones de personas y se concentran importantes infraestructuras turísticas y comerciales. La subida del nivel del mar, combinada con tormentas más intensas, incrementaría la erosión costera y la frecuencia de las inundaciones en áreas urbanas y agrícolas, lo que supondría una amenaza directa para la seguridad y la economía de la región.

Sin embargo, los modelos también ofrecen escenarios alternativos si se logran reducciones significativas en las emisiones de gases de efecto invernadero. En un escenario de bajas emisiones, donde se cumplen los objetivos de reducción acordados en el Acuerdo de París, el aumento de las temperaturas podría limitarse a alrededor de 1,5 a 2 grados Celsius. Aunque estos cambios aún tendrían un impacto considerable, las consecuencias serían menos extremas que en el caso de altas emisiones. La frecuencia e intensidad de los eventos extremos se reduciría, y las zonas costeras podrían adaptarse más fácilmente al aumento del nivel del mar mediante medidas de infraestructura y restauración de ecosistemas.

Además, una reducción en las emisiones ayudaría a mantener la biodiversidad marina y terrestre en mejores condiciones, facilitando la supervivencia de especies que actualmente están en peligro por el cambio de temperatura y salinidad en las aguas del Mediterráneo. También permitiría gestionar mejor los recursos hídricos en la región, dando a las comunidades una mayor capacidad de adaptación frente a las sequías y a las fluctuaciones en las precipitaciones.

Los posibles escenarios futuros para el Mediterráneo dependen en gran medida de las decisiones que se tomen hoy en día en cuanto a la reducción de emisiones y la transición hacia energías limpias. Aunque los modelos muestran un abanico de posibilidades, todas coinciden en la necesidad de una acción inmediata y sostenida para evitar los efectos más catastróficos. El Mediterráneo es un área sensible y compleja donde los impactos del cambio climático ya son visibles, y las decisiones de los próximos años serán determinantes para su futuro.

En conclusión, las proyecciones para el Mediterráneo son un recordatorio urgente de que la acción climática es esencial para preservar esta región. Los distintos escenarios ofrecen una visión clara de los riesgos que enfrentamos, así como de las oportunidades de mitigación y adaptación. Tomar medidas hoy puede marcar una diferencia crítica para evitar los peores impactos y para asegurar un Mediterráneo habitable y resiliente para las generaciones futuras.

Eventos Atmosféricos Extremos: Síntomas de una Tierra con Fiebre

Las DANAs y el Caos Meteorológico Reciente

Las Depresiones Aisladas en Niveles Altos (DANAs) son fenómenos meteorológicos que se producen cuando una masa de aire frío en altura se separa de la corriente en chorro y se sitúa sobre una región con aire más cálido en superficie. Esta configuración genera una inestabilidad atmosférica que puede dar lugar a precipitaciones intensas, tormentas eléctricas y otros eventos climáticos extremos. En España, especialmente en la cuenca mediterránea, las DANAs son responsables de episodios de lluvias torrenciales e inundaciones que afectan gravemente a las comunidades locales. [1]

Un ejemplo reciente de la devastación causada por una DANA es el evento que afectó a la Comunidad Valenciana en octubre de 2024. Este fenómeno provocó lluvias intensas que superaron los 300 litros por metro cuadrado en algunas áreas, resultando en inundaciones severas, daños

---

[1] ¿Qué es una DANA? RTVE: https://www.rtve.es/noticias/20191023/dana/1977825.shtml

materiales significativos y, lamentablemente, la pérdida de al menos 202 vidas. [2] [3]

Las infraestructuras, incluyendo carreteras y puentes, sufrieron daños considerables, aislando comunidades y complicando las labores de rescate y asistencia. [4]

La frecuencia e intensidad de las DANAs y otros fenómenos meteorológicos extremos en la región mediterránea han aumentado en las últimas décadas, una tendencia que los expertos atribuyen al cambio climático. El calentamiento global incrementa la temperatura del mar y la atmósfera, lo que intensifica la energía disponible para la formación de tormentas y sistemas de baja presión como las DANAs. Este patrón sugiere que, sin medidas efectivas de mitigación y adaptación, eventos similares podrían volverse más comunes y severos en el futuro. [5]

Es crucial que las comunidades y las autoridades implementen estrategias de resiliencia y adaptación para enfrentar estos desafíos climáticos. La planificación urbana

2 What caused deadly floods in Spain? The impact of DANA explained Reuters: https://www.reuters.com/business/environment/spains-deadly-dana-weather-phenomenon-its-links-climate-change-2024-10-30/

3 El número de fallecidos por la dana en la Comunidad Valenciana se eleva a 202 personas https://elpais.com/espana/2024-11-01/ultima-hora-de-la-dana-en-directo.html

4 Footage shows devastating damage to potential MotoGP title decider circuit as storm Dana death count reaches 73 TalkSport: https://talksport.com/motorsport/2211476/motogp-storm-dana-valencia-gp-motorsport-news/

5 What caused deadly floods in Spain? The impact of DANA explained Reuters: https://www.reuters.com/business/environment/spains-deadly-dana-weather-phenomenon-its-links-climate-change-2024-10-30/

adecuada, la mejora de las infraestructuras y la concienciación pública son elementos esenciales para reducir el impacto de futuros eventos extremos y proteger tanto a las personas como a los ecosistemas de la región mediterránea.

Olas de Calor: Amenaza para la Vida y la Economía

El cambio climático ha intensificado la frecuencia, duración e intensidad de las olas de calor en la región mediterránea. Este fenómeno se manifiesta en temperaturas extremas que superan los registros históricos y se prolongan durante periodos más extensos. Por ejemplo, en 2022 y 2023, el Mediterráneo occidental experimentó anomalías de temperatura de +3,6°C y +2,9°C respectivamente, superando las variaciones climáticas naturales de los últimos 1.000 años. [6].

Las olas de calor tienen un impacto significativo en la salud pública. Las temperaturas extremas pueden provocar golpes de calor, deshidratación y exacerbar enfermedades cardiovasculares y respiratorias. En 2022, se registraron más de 60.000 muertes relacionadas con el calor en Europa, especialmente en países como Italia y España.[7]

. La Organización Mundial de la Salud advierte que la frecuencia y la intensidad del calor extremo continuarán aumentando en el siglo XXI debido al cambio climático. [8]

---

[6] El cambio climático intensifica la aparición de olas de calor extremas - Instituto de Geociencias (IGEO): https://igeo.ucm-csic.es/el-cambio-climatico-intensifica-la-aparicion-de-olas-de-calor-extremas/

[7] El cambio climático intensifica la aparición de olas de calor extremas- iAgua: https://www.iagua.es/noticias/museo-nacional-ciencias-naturales/cambio-climatico-intensifica-aparicion-olas-calor

[8] Organización Mundial de la Salud (OMS): https://www.who.int/es/news-room/fact-sheets/detail/climate-change-heat-and-health

En el sector agrícola, las olas de calor afectan negativamente a los cultivos y al ganado. Las altas temperaturas y la sequía reducen la productividad agrícola, disminuyen la calidad de los productos y aumentan la necesidad de riego, lo que incrementa la demanda de agua en una región ya vulnerable a la escasez hídrica. Además, las olas de calor prolongadas y las sequías han afectado gravemente a los ecosistemas, los servicios hídricos y la biodiversidad, así como a sectores económicos clave como el turismo y la agricultura. [9]

El turismo, una de las principales fuentes de ingresos en el Mediterráneo, también se ve afectado. Las temperaturas extremas pueden disuadir a los turistas, especialmente durante los meses de verano, y provocar el cierre temporal de atracciones turísticas. Por ejemplo, en junio de 2024, la Acrópolis de Atenas fue cerrada parcialmente debido a una intensa ola de calor, lo que afectó al flujo de visitantes y a la economía local. [10]

En resumen, las olas de calor, intensificadas por el cambio climático, representan una amenaza creciente para la salud humana, la agricultura y el turismo en la región mediterránea. Es esencial implementar medidas de adaptación y mitigación para reducir estos impactos y

---

[9] GNDiario: https://www.gndiario.com/olas-de-calor-mediterraneo-clima
[10] Barron's: https://www.barrons.com/video/cierre-parcial-de-la-acropolis-de-atenas-por-la-ola-de-calor/BF29537D-521E-4896-9642-04CCE40157DE.html

proteger tanto a las comunidades como a las economías locales.

Inundaciones, Sequías y la Vulnerabilidad de los Ecosistemas

El cambio climático está alterando significativamente los patrones de precipitación a nivel global, y la región mediterránea no es una excepción. Estos cambios se manifiestan en la intensificación de fenómenos extremos como inundaciones y sequías, afectando gravemente a los ecosistemas y a las comunidades humanas que dependen de ellos.

Las alteraciones en los patrones de precipitación se deben, en parte, al aumento de las temperaturas globales, que incrementa la evaporación y modifica la circulación atmosférica. Esto resulta en periodos de lluvias más intensas y concentradas, así como en sequías más prolongadas y severas. La Comisión Europea señala que, a medida que el clima se calienta, cambian los patrones de precipitación, aumenta la evaporación y se funden los glaciares, afectando la disponibilidad de agua dulce y aumentando la frecuencia de sequías e inundaciones. [11]

En España, la sequía de 2023 fue considerada la novena catástrofe climática más grave del año,

---

[11] Comisión Europea - Consecuencias del Cambio Climático: https://climate.ec.europa.eu/climate-change/consequences-climate-change_es

evidenciando la creciente vulnerabilidad del país a estos fenómenos extremos. [12]

Además, en octubre de 2024, la Comunidad Valenciana sufrió una Depresión Aislada en Niveles Altos (DANA) que provocó lluvias torrenciales, inundaciones y daños materiales significativos. Estos eventos reflejan cómo el cambio climático está intensificando tanto las sequías como las inundaciones en la región.

La vulnerabilidad de los ecosistemas mediterráneos se ve exacerbada por estos fenómenos. Las sequías prolongadas reducen la disponibilidad de agua, afectando la biodiversidad y la productividad agrícola. Por otro lado, las inundaciones pueden provocar erosión del suelo, pérdida de hábitats y contaminación de fuentes de agua. La Comisión Europea advierte que la mayor gravedad y frecuencia de las sequías y el aumento de las temperaturas del agua pueden disminuir su calidad, afectando a la disponibilidad de agua dulce.

En resumen, los cambios en los patrones de precipitación asociados al cambio climático están aumentando la frecuencia e intensidad de inundaciones y sequías en la región mediterránea, poniendo en riesgo la salud de los ecosistemas y la seguridad de las comunidades

---

[12] El Independiente - Sequía en España 2023: https://www.elindependiente.com/futuro/medio-ambiente/2023/12/27/la-sequia-en-espana-fue-la-novena-catastrofe-climatica-mas-grave-de-2023/

humanas. Es imperativo implementar estrategias de adaptación y mitigación para enfrentar estos desafíos y proteger tanto el medio ambiente como los medios de vida que dependen de él.

La Huella de Carbono en el Mediterráneo

La Herencia Industrial y las Emisiones Históricas

Desde la Revolución Industrial, iniciada en el siglo XVIII, la humanidad ha experimentado un crecimiento económico y tecnológico sin precedentes. Sin embargo, este progreso ha venido acompañado de un aumento significativo en las emisiones de gases de efecto invernadero (GEI), responsables del calentamiento global y del cambio climático actual.

Evolución de las Emisiones desde la Revolución Industrial

Antes de la Revolución Industrial, las concentraciones de dióxido de carbono (CO_2) en la atmósfera se mantenían relativamente estables, alrededor de 280 partes por millón (ppm). Con el auge de la industrialización y la quema masiva de combustibles fósiles como el carbón, el petróleo y el gas natural, estas concentraciones comenzaron a incrementarse de manera sostenida. En 2024, las concentraciones de CO_2 han superado las 420 ppm, un aumento de más del 50% en comparación con los niveles preindustriales. Este incremento ha intensificado el efecto invernadero, atrapando más calor en la atmósfera y elevando la temperatura media global.

Contribución de Sectores Clave a las Emisiones[13]

Diversos sectores económicos han contribuido al aumento de las emisiones de GEI:

- **Industria**: La producción industrial, especialmente en sectores como la siderurgia, la fabricación de cemento y la industria química, ha sido una fuente significativa de emisiones de CO_2. Estos procesos no solo consumen grandes cantidades de energía, sino que también liberan CO_2 como subproducto de reacciones químicas. En España, los procesos industriales distintos a la combustión representaron en 2018 el 8,6% de las emisiones totales de CO_2 equivalente.

- **Agricultura**: Las prácticas agrícolas contribuyen a las emisiones de metano (CH_4) y óxido nitroso (N_2O), dos GEI con un potencial de calentamiento global superior al del CO_2. El metano se genera principalmente en la fermentación entérica del ganado y en la gestión de estiércol, mientras que el óxido nitroso proviene del uso de fertilizantes nitrogenados. En España, la agricultura y ganadería

---

[13] CCOO - Evolución de las Emisiones de Gases de Efecto Invernadero en España: https://www.ccoo.es/94c96567fa3b77d183b8a4c638e5a1fd000001.pdf

representaron en 2018 el 12,1% del total de las emisiones de CO_2 equivalente.

- **Transporte**: La quema de combustibles fósiles en vehículos terrestres, marítimos y aéreos es una de las principales fuentes de emisiones de CO_2. En España, el sector transporte representa el 30,7% de las emisiones totales de GEI, siendo el transporte por carretera el responsable del 28,4% del total. [14]

La combinación de estas actividades ha llevado a un aumento sostenido de las emisiones de GEI desde la Revolución Industrial, contribuyendo al cambio climático y a sus efectos adversos en el medio ambiente y la sociedad.

---

[14] Ministerio para la Transición Ecológica y el Reto Demográfico - Sector Transporte: https://www.miteco.gob.es/es/cambio-climatico/temas/mitigacion-politicas-y-medidas/transporte.html

El Impacto del Turismo y el Transporte en la Contaminación Regional

El turismo de masas ha experimentado un crecimiento exponencial en las últimas décadas, especialmente en la región mediterránea, conocida por sus atractivos culturales y naturales. Este aumento ha conllevado una mayor demanda de servicios de transporte, alojamiento y actividades recreativas, incrementando significativamente la huella de carbono de la zona. Según la Organización Mundial del Turismo (OMT), el turismo contribuye aproximadamente al 5% de las emisiones globales de dióxido de carbono (CO_2), siendo el transporte el principal responsable de estas emisiones. [15]

Turismo de Masas y Huella de Carbono

El turismo de masas implica la concentración de grandes cantidades de visitantes en destinos específicos, lo que genera una presión considerable sobre los recursos naturales y las infraestructuras locales. Este fenómeno no solo incrementa las emisiones de GEI debido al transporte, sino que también contribuye a la degradación ambiental a través de la generación de residuos, el consumo excesivo de agua y energía, y la destrucción de hábitats naturales. Además, la construcción de infraestructuras turísticas,

---

[15] Organización Mundial del Turismo (OMT):
https://www.unwto.org/es/desarrollo-sostenible/cambio-climatico-emisiones-turismo

como hoteles y carreteras, suele implicar la deforestación y la alteración de ecosistemas, liberando carbono almacenado en la vegetación y el suelo. [16]

Transporte Marítimo y Aéreo en el Mediterráneo

El transporte es un componente esencial del turismo, y en la región mediterránea, el transporte marítimo y aéreo desempeñan un papel crucial. Sin embargo, ambos modos de transporte son fuentes significativas de emisiones de GEI y contaminantes atmosféricos.

- **Transporte Aéreo**: La aviación es responsable de aproximadamente el 2% de las emisiones globales de CO_2, pero su impacto es mayor debido a la liberación de otros gases y partículas en altitudes elevadas, lo que amplifica el efecto invernadero. En el Mediterráneo, el aumento de vuelos turísticos ha incrementado las emisiones regionales, contribuyendo al calentamiento global y a la contaminación del aire. [17]

- **Transporte Marítimo**: Los cruceros y ferris son populares en el Mediterráneo, pero también son fuentes importantes de contaminación. Los buques

---

[16] EcoPortal.net: https://www.ecoportal.net/temas-especiales/contaminacion/exceso-de-turismo-problema-global/
[17] Parlamento Europeo: https://www.europarl.europa.eu/pdfs/news/expert/2022/6/story/20220610STO32720/20220610STO32720_es.pdf

producen el 13,5% de todas las emisiones de gases de efecto invernadero procedentes del sector transporte en la UE, por detrás de las emisiones generadas por el transporte terrestre (71%) o aéreo (14,4%). [18]

Además, los buques emiten óxidos de azufre (SOx) y óxidos de nitrógeno (NOx), que contribuyen a la formación de lluvia ácida y smog, afectando la salud humana y los ecosistemas marinos.

La combinación del turismo de masas y el aumento del transporte marítimo y aéreo en el Mediterráneo ha intensificado la contaminación regional, afectando la calidad del aire, la salud pública y la biodiversidad. Es esencial implementar políticas de sostenibilidad que promuevan prácticas turísticas responsables y el uso de tecnologías más limpias en el transporte para mitigar estos impactos.

---

[18] Agencia Europea de Medio Ambiente (EEA):
https://www.eea.europa.eu/es/highlights/el-transporte-maritimo-en-la

Modelos de Consumo Energético: Dependencia de los Combustibles Fósiles

La región mediterránea ha mantenido una dependencia significativa de los combustibles fósiles como principales fuentes de energía. Según el Observatorio Mediterráneo de la Energía (OME), en 2018, los combustibles fósiles representaban el 58% de la combinación energética de la región, mientras que las energías renovables solo alcanzaban el 11%. Esta dependencia se traduce en una tasa de importación energética del 44%, lo que evidencia la vulnerabilidad de la región ante fluctuaciones en los precios y suministros de estos recursos. [19]

Las infraestructuras energéticas existentes, diseñadas principalmente para la extracción, procesamiento y distribución de combustibles fósiles, han consolidado este modelo de consumo. La inversión histórica en refinerías, oleoductos y centrales térmicas ha creado una estructura que favorece el uso continuado de fuentes no renovables. Además, la adaptación de estas infraestructuras para integrar energías renovables requiere inversiones significativas y una planificación a largo plazo. La Comisión Europea ha destacado la necesidad de adaptar las infraestructuras energéticas de la UE para lograr la

---

[19] Estrategias, políticas y prácticas para lograr la Agenda 2030 en la región mediterránea: https://revistaidees.cat/es/estrategias-politicas-y-practicas-para-lograr-la-agenda-2030-en-la-region-mediterranea/

neutralidad climática, pasando de un sistema basado en combustibles fósiles a una economía descarbonizada. [20]

Las políticas locales también han desempeñado un papel crucial en la perpetuación de esta dependencia. En algunos casos, los subsidios y apoyos financieros se han dirigido hacia la industria de los combustibles fósiles, desincentivando la inversión en energías limpias. Sin embargo, en los últimos años, la política energética de la UE ha impulsado importantes cambios, que han supuesto una disminución considerable del uso de los combustibles fósiles más contaminantes, ya que el consumo ha pasado a basarse más en el gas natural y en las energías renovables.[21]

Para avanzar hacia un modelo energético más sostenible, es esencial reorientar las políticas y las inversiones hacia fuentes renovables, mejorar la eficiencia energética y modernizar las infraestructuras existentes. La implementación de estrategias como el Plan REPowerEU busca eliminar la dependencia de los combustibles fósiles

---

[20] En el punto de mira: adaptar las infraestructuras energéticas de la UE para lograr la neutralidad climática: https://commission.europa.eu/news/focus-making-eus-energy-infrastructure-fit-climate-neutrality-2021-06-15_es

[21] Tema destacado: reducir la dependencia de la UE de los combustibles fósiles importados: https://commission.europa.eu/news/focus-reducing-eus-dependence-imported-fossil-fuels-2022-04-20_es

rusos, ahorrando energía, diversificando los suministros y acelerando la transición hacia una energía limpia. [22]

---

[22] REPowerEU: la política energética en los planes de recuperación y resiliencia de los países de la UE:
https://www.consilium.europa.eu/es/policies/eu-recovery-plan/repowereu/

Hacia un Futuro Sostenible: Estrategias de Mitigación y Adaptación

Descarbonización: Una Urgencia en Todos los Sectores

La descarbonización, entendida como la reducción progresiva de las emisiones de gases de efecto invernadero (GEI), es esencial para mitigar el cambio climático y sus efectos adversos. Este proceso requiere la implementación de estrategias específicas en sectores clave como la industria, la energía y el transporte.

Estrategias de Descarbonización en la Industria, la Energía y el Transporte

- **Industria**: La adopción de tecnologías limpias y la mejora de la eficiencia energética son fundamentales. La electrificación de procesos industriales y el uso de hidrógeno verde como combustible alternativo están ganando relevancia. En España, el Proyecto Estratégico para la Recuperación y Transformación Económica (PERTE) de Descarbonización Industrial busca modernizar la industria manufacturera, incrementando su competitividad y reduciendo las emisiones de CO_2. Se estima que estas inversiones podrían reducir las emisiones en hasta 13 millones de toneladas de CO_2e al año. [23]

- **Energía**: La transición hacia fuentes renovables, como la solar y la eólica, es crucial. La descarbonización del sector eléctrico facilita la electrificación de otras demandas energéticas, como la movilidad y los usos industriales. La Estrategia de Descarbonización a Largo Plazo 2050 de España establece que la rápida descarbonización del sector eléctrico es clave para alcanzar la neutralidad climática. [24]

- **Transporte**: La promoción de vehículos eléctricos, el desarrollo de infraestructuras de recarga y el fomento del transporte público sostenible son medidas esenciales. La Estrategia de Descarbonización a Largo Plazo 2050 de España señala que la descarbonización del sector transporte vendrá de la mano de la intensificación de las medidas de eficiencia energética y la sustitución de los

---

[23] PERTE Descarbonización Industrial
https://www.mintur.gob.es/es-es/recuperacion-transformacion-resiliencia/paginas/perte-descarbonizacion.aspx
[24] Ministerio para la Transición Ecológica y el Reto Demográfico - Estrategia de Descarbonización a Largo Plazo:
https://www.miteco.gob.es/content/dam/miteco/es/energia/files-1/_layouts/15/Borrador%20Estrategia%20de%20descarbonizaci%C3%B3n%20a%20Largo%20Plazo%202050-16822.PDF

combustibles fósiles por otros de bajas o nulas emisiones netas de carbono. [25]

Ejemplos de Descarbonización Exitosa en Otros Países

Varios países han implementado con éxito estrategias de descarbonización:

- **Dinamarca**: Ha logrado una transición energética significativa, con una alta penetración de energías renovables en su matriz energética. El país se ha comprometido a descarbonizar su sector energético para 2035. [26]

- **Reino Unido**: Ha reducido sus emisiones de GEI mediante políticas de eficiencia energética y la promoción de energías renovables. El país ha invertido significativamente en capacidad de energía renovable, liderando la carrera hacia la descarbonización. [27]

---

[25] Escuela Técnica Superior de Ingenieros Industriales - La descarbonización del transporte por carretera: https://www.escuelaindustrialesupm.com/etsii-upm/la-descarbonizacion-del-transporte-por-carretera-hablamos-todos-de-lo-mismo/

[26] Euronews - Países de la UE comprometidos a descarbonizar la energía: https://es.euronews.com/green/2024/03/14/austria-dinamarca-y-lituania-que-paises-de-la-ue-se-han-comprometido-a-descarbonizar-la-en

[27] ClimateTrade - Los 10 países que lideran la descarbonización: https://climatetrade.com/es/los-10-paises-que-lideran-la-descarbonizacion/

- **China**: Aunque es uno de los mayores emisores de GEI, ha realizado inversiones sustanciales en energías renovables y ha establecido objetivos ambiciosos para reducir sus emisiones. China ha invertido 758 mil millones de dólares en capacidad de energía renovable de 2010 a 2019. [28]

Estos ejemplos demuestran que, con políticas adecuadas y compromiso, es posible avanzar hacia una economía baja en carbono, beneficiando tanto al medio ambiente como a la sociedad en su conjunto.

---

[28] ClimateTrade - Los 10 países que lideran la descarbonización: https://climatetrade.com/es/los-10-paises-que-lideran-la-descarbonizacion/

Electrificación: El Cambio Necesario para el Transporte y el Consumo

La transición hacia vehículos eléctricos y fuentes de energía limpias es esencial para reducir las emisiones de gases de efecto invernadero y mitigar el cambio climático. Este cambio implica no solo la adopción de tecnologías más sostenibles, sino también la implementación de políticas y subsidios que faciliten una electrificación efectiva.

Transición hacia Vehículos Eléctricos y Fuentes de Energía Limpias

La adopción de vehículos eléctricos (VE) está en aumento a nivel global. Estos vehículos ofrecen ventajas significativas, como la reducción de emisiones contaminantes y una mayor eficiencia energética. Además, cuando se combinan con fuentes de energía renovable, como la solar o la eólica, su impacto ambiental se minimiza aún más. En España, el Plan Nacional Integrado de Energía y Clima (PNIEC) 2021-2030 establece objetivos ambiciosos para la electrificación del transporte y el incremento de la capacidad instalada de energías renovables. El PNIEC prevé que, para 2030, el 74% de la generación eléctrica provenga de fuentes renovables, lo que facilitará la descarbonización del sector del transporte mediante la electrificación. [29]

Políticas y Subsidios para una Electrificación Efectiva

Para que la electrificación sea efectiva, es fundamental el apoyo gubernamental a través de políticas y subsidios que incentiven tanto a consumidores como a empresas. En España, el Programa MOVES FLOTAS, en el marco del Plan de Recuperación, Transformación y Resiliencia, ofrece ayudas para la electrificación de flotas de vehículos ligeros. Este programa busca profundizar en la electrificación integral de grandes flotas de transporte, compuestas por vehículos ligeros, de empresas o entidades del sector público. En su tercera convocatoria, se ha reducido el límite mínimo de vehículos requeridos para recibir apoyo de 25 a 10 unidades, facilitando así la participación de más beneficiarios. [30]

Además, la Estrategia de Descarbonización a Largo Plazo 2050 de España establece que la descarbonización del sector transporte vendrá de la mano de la intensificación de las medidas de eficiencia energética y la sustitución de los

---

[29] La hoja de ruta de la fotovoltaica y de la transición energética en España: https://www.edpenergia.es/es/blog/energia-fotovoltaica/hoja-ruta-autoconsumo-pniec-2030/
[30] El MITECO lanza la tercera convocatoria del programa de ayudas para flotas de vehículos eléctricos: https://www.miteco.gob.es/es/prensa/ultimas-noticias/2023/07/el-miteco-lanza-la-tercera-convocatoria-del-programa-de-ayudas-p.html

combustibles fósiles por otros de bajas o nulas emisiones netas de carbono. [31]

La combinación de políticas públicas, incentivos económicos y el desarrollo de infraestructuras adecuadas es esencial para lograr una electrificación efectiva del transporte y el consumo energético, contribuyendo así a un futuro más sostenible y respetuoso con el medio ambiente.

---

[31] Planificación de la red de transporte 2021-2026. Propuesta de desarrollo: https://www.miteco.gob.es/content/dam/miteco/es/energia/files-1/_layouts/15/Propuesta%20de%20planificaci%C3%B3n%202021-2026%20-%20Propuesta%20de%20desarrollo-22930.pdf

Energías Renovables: Soluciones Locales y Regionales

La región mediterránea ha experimentado un notable desarrollo en proyectos de energía solar y eólica, aprovechando sus condiciones climáticas favorables para la generación de energías limpias. Estos proyectos no solo contribuyen a la diversificación de la matriz energética, sino que también desempeñan un papel crucial en la reducción de emisiones de gases de efecto invernadero.

Desarrollo de Proyectos de Energía Solar y Eólica en la Región Mediterránea

En los últimos años, se han implementado diversas iniciativas para impulsar las energías renovables en el Mediterráneo:

- **Plan Solar Mediterráneo (PSM)**: Lanzado en 2008, el PSM es una iniciativa de la Unión por el Mediterráneo que busca desarrollar 20 GW de capacidad de generación de energía renovable en la región para 2020. Aunque no se alcanzó el objetivo inicial, el plan ha fomentado la cooperación regional y ha sentado las bases para futuros proyectos. [32]

---

[32] El Plan Solar Mediterráneo, una respuesta común a los retos climático y energético: https://www.iemed.org/publication/el-plan-solar-mediterraneo-una-respuesta-comun-a-los-retos-climatico-y-energetico/?lang=es

- **Proyectos Híbridos**: Empresas como EDP Renewables han puesto en marcha parques híbridos que combinan energía eólica y solar en un mismo emplazamiento, optimizando el uso de infraestructuras y aumentando la producción de energía limpia. En enero de 2024, EDP conectó a la red el primer parque híbrido eólico-solar de España, ubicado en Santa María del Cubillo (Ávila). [33]

- **Iniciativas Locales**: Municipios y comunidades autónomas en España han desarrollado proyectos de autoconsumo y pequeñas instalaciones renovables, promoviendo la generación distribuida y la participación ciudadana en la transición energética.

Impacto y Beneficios de las Energías Renovables en la Reducción de Emisiones

La adopción de energías renovables en la región mediterránea ofrece múltiples beneficios:

- **Reducción de Emisiones**: Las energías renovables no emiten gases de efecto invernadero durante su operación, lo que contribuye significativamente a la disminución de las emisiones totales. Según datos de

---

[33] EDP Renewables conecta a la red el primer parque híbrido eólico-solar de España: https://www.edp.com/es/noticias/edp-renewables-conecta-a-la-red-el-primer-parque-hibrido-eolico-solar-de-espana

2023, España ha reducido sus emisiones en un 7,5% gracias al crecimiento de las energías renovables. [34]

- **Independencia Energética**: El desarrollo de fuentes de energía locales disminuye la dependencia de combustibles fósiles importados, mejorando la seguridad energética y reduciendo la vulnerabilidad a las fluctuaciones de precios en los mercados internacionales.

- **Desarrollo Económico**: La inversión en energías renovables genera empleo y promueve la innovación tecnológica, impulsando el crecimiento económico sostenible en la región.

En conclusión, el impulso de las energías renovables en la región mediterránea representa una solución efectiva para enfrentar los desafíos energéticos y ambientales actuales, ofreciendo beneficios tanto a nivel local como regional.

---

[34] Impacto de las energías renovables en la reducción de emisiones de gases de efecto invernadero en España:
https://www.renovablesverdes.com/espana-reduce-emisiones-gases-gracias-las-renovables/

Innovación y Políticas Públicas: Construyendo una Economía Verde

La ciencia y la tecnología desempeñan un papel fundamental en la mitigación del cambio climático, proporcionando herramientas y soluciones innovadoras para reducir las emisiones de gases de efecto invernadero y adaptarse a los impactos ambientales.

Papel de la Ciencia y la Tecnología en la Mitigación del Cambio Climático

La investigación científica permite comprender los mecanismos del cambio climático, evaluar sus efectos y desarrollar estrategias de mitigación y adaptación. La tecnología, por su parte, ofrece soluciones prácticas para reducir las emisiones y mejorar la resiliencia de las comunidades. Organismos internacionales, como la ONU Cambio Climático, apoyan la mejora de las tecnologías climáticas para acelerar su adopción en diversos sectores. [35]

Innovaciones como Captura de Carbono y Tecnologías de Energías Limpias

---

[35] ONU Cambio Climático ayudará a mejorar las tecnologías climáticas: https://unfccc.int/es/news/onu-cambio-climatico-ayudara-a-mejorar-las-tecnologias-climaticas

Entre las innovaciones tecnológicas destacadas se encuentran:

- **Captura y Almacenamiento de Carbono (CAC)**: Esta tecnología permite capturar el CO_2 emitido por fuentes industriales y energéticas, evitando su liberación a la atmósfera. Posteriormente, el CO_2 se almacena en formaciones geológicas o se utiliza en procesos industriales. La Agencia Internacional de Energía (AIE) señala que las tecnologías de captura, utilización y almacenamiento de carbono (CCUS) podrían reducir las emisiones globales de CO_2 en casi una quinta parte y disminuir el coste de afrontar la crisis climática en un 70% de aquí a 2050. [36]

- **Energías Renovables**: El desarrollo de fuentes de energía limpias, como la solar y la eólica, ha avanzado significativamente. Estas tecnologías no solo reducen las emisiones, sino que también promueven la independencia energética y la creación de empleos verdes. La consultora tecnológica BloombergNEF ha identificado proyectos

---

[36] Innovaciones en captura de carbono: ¿estamos preparados para ampliarlas?: https://sigmaearth.com/es/carbon-capture-innovations-are-we-ready-to-scale-up/

innovadores que podrían tener un gran impacto en la transición ecológica y energética a nivel global. [37]

La combinación de investigación científica y desarrollo tecnológico es esencial para enfrentar el desafío del cambio climático, ofreciendo soluciones efectivas y sostenibles para las generaciones presentes y futuras.

---

[37] 12 innovaciones para reducir nuestra huella de carbono y facilitar el paso a la energía limpia: https://sferaproyectoambiental.org/2022/04/18/12-innovaciones-para-reducir-nuestra-huella-de-carbono-y-facilitar-el-paso-a-la-energia-limpia/

Políticas Públicas y el Papel de la Unión Europea

La Unión Europea (UE) ha implementado una serie de políticas y compromisos legislativos para reducir las emisiones de gases de efecto invernadero y promover una economía sostenible y resiliente al cambio climático.

Legislación y Compromisos de la UE para la Reducción de Emisiones

La UE ha establecido objetivos ambiciosos para combatir el cambio climático:

- **Pacto Verde Europeo**: Lanzado en 2019, este conjunto de iniciativas políticas busca transformar la UE en una economía moderna y eficiente en el uso de recursos, con el objetivo de alcanzar la neutralidad climática para 2050. El Pacto Verde Europeo establece que no haya emisiones netas de gases de efecto invernadero en 2050, que el crecimiento económico esté disociado del uso de recursos y que no haya personas ni lugares que se queden atrás. [38]

- **Legislación Europea sobre el Clima**: Este reglamento convierte en obligación legal el

---

[38] El Pacto Verde Europeo: https://commission.europa.eu/strategy-and-policy/priorities-2019-2024/european-green-deal_es

compromiso de la UE de alcanzar la neutralidad climática para 2050 y establece un objetivo vinculante de reducción interna neta de las emisiones de gases de efecto invernadero de, al menos, un 55 % (con respecto a los niveles de 1990) de aquí a 2030. [39]

- **Paquete de medidas «Objetivo 55»**: Este conjunto de propuestas legislativas tiene como objetivo alinear las políticas de la UE con el nuevo objetivo climático de reducir las emisiones en al menos un 55 % para 2030. Incluye reformas en el Régimen de Comercio de Derechos de Emisión de la UE y la implementación de un Fondo Social para el Clima. [40]

La Economía Verde como Modelo para la Sostenibilidad y Resiliencia Climática

La economía verde se centra en el desarrollo económico sostenible, promoviendo la eficiencia en el uso de recursos y la reducción de impactos ambientales negativos. La UE ha adoptado este modelo para fortalecer la resiliencia climática y fomentar la sostenibilidad:

---

[39] Legislación Europea sobre el Clima: https://eur-lex.europa.eu/ES/legal-content/summary/european-climate-law.html
[40] Objetivo 55 - El plan de la UE para la transición ecológica: https://www.consilium.europa.eu/es/policies/green-deal/fit-for-55/

- **Plan de Inversiones para una Europa Sostenible**: Este plan tiene como objetivo movilizar al menos un billón de euros en inversiones sostenibles durante la próxima década, apoyando proyectos que contribuyan a la transición hacia una economía verde. [41]

- **Estrategia de Adaptación al Cambio Climático**: Adoptada en 2021, esta estrategia busca preparar a la UE para los impactos inevitables del cambio climático, promoviendo soluciones basadas en la naturaleza y fortaleciendo la resiliencia de los sistemas sociales y económicos. [42]

Estas políticas y compromisos reflejan el liderazgo de la UE en la lucha contra el cambio climático, estableciendo un marco para que los Estados miembros avancen hacia una economía más sostenible y resiliente.

---

[41] Financiación y el Pacto Verde: https://commission.europa.eu/strategy-and-policy/priorities-2019-2024/european-green-deal/finance-and-green-deal_es

[42] La Acción por el clima y el Pacto Verde: https://commission.europa.eu/strategy-and-policy/priorities-2019-2024/european-green-deal/climate-action-and-green-deal_es

Colaboración Internacional para la Acción Climática

La cooperación internacional es esencial para abordar eficazmente los desafíos del cambio climático, especialmente en regiones como el Mediterráneo, donde los efectos adversos son compartidos por múltiples países.

Importancia de la Cooperación en la Región Mediterránea y con Otras Naciones

La cuenca mediterránea enfrenta fenómenos climáticos extremos, como olas de calor, sequías e inundaciones, que afectan a diversas naciones de la región. La colaboración transnacional permite compartir conocimientos, recursos y estrategias para enfrentar estos desafíos de manera más efectiva. Iniciativas como el Plan Nacional de Adaptación al Cambio Climático (PNACC) de España promueven la acción coordinada y coherente frente a los efectos del cambio climático, integrando perspectivas transversales y multinivel. [43]

Además, la Unión por el Mediterráneo (UpM) ha lanzado la Agenda de Acción por el Agua, que busca fortalecer la cooperación regional en la gestión sostenible

---

[43] Plan Nacional de Adaptación al Cambio Climático - Ministerio para la Transición Ecológica y el Reto Demográfico (MITECO): https://www.miteco.gob.es/es/cambio-climatico/temas/impactos-vulnerabilidad-y-adaptacion/plan-nacional-adaptacion-cambio-climatico.html

del agua, un recurso crítico en el contexto del cambio climático. [44]

Los Beneficios de una Acción Conjunta en la Adaptación y Mitigación

La acción conjunta en adaptación y mitigación ofrece múltiples beneficios:

- **Eficiencia de Recursos**: La colaboración permite optimizar el uso de recursos financieros y técnicos, evitando duplicidades y aprovechando sinergias.

- **Transferencia de Tecnología y Conocimientos**: Los países pueden compartir tecnologías innovadoras y mejores prácticas, acelerando la implementación de soluciones efectivas.

- **Fortalecimiento de Capacidades**: La cooperación internacional facilita la capacitación y el desarrollo de capacidades locales para enfrentar los desafíos climáticos.

Un ejemplo destacado es la colaboración entre países mediterráneos en proyectos de energías renovables, como el Plan Solar Mediterráneo, que busca desarrollar 20 GW de

---

[44] Unión por el Mediterráneo - Agenda de Acción por el Agua: https://www.iemed.org/events/reforzar-la-resiliencia-climatica-en-el-mediterraneo-occidental/?lang=es

capacidad de generación de energía renovable en la región. [45]

En resumen, la colaboración internacional es fundamental para enfrentar el cambio climático de manera efectiva, especialmente en regiones como el Mediterráneo, donde los desafíos son compartidos y las soluciones requieren esfuerzos conjuntos.

---

[45] Real Instituto Elcano - Renovación del Espacio Energético y Climático Euromediterráneo: https://www.realinstitutoelcano.org/policy-paper/renovacion-del-espacio-energetico-y-climatico-euromediterraneo/

Conclusión: Una Llamada a la Acción

El Papel de la Sociedad en la Lucha contra el Cambio Climático

La sociedad desempeña un papel fundamental en la lucha contra el cambio climático. La importancia de la conciencia social y la educación ambiental radica en que el cambio climático no es solo un desafío científico o político, sino también una cuestión social que requiere la participación activa de todos. La sensibilización y el conocimiento son el primer paso hacia la acción; cuando las personas entienden cómo sus hábitos cotidianos impactan el medio ambiente, pueden tomar decisiones más conscientes y responsables. La educación ambiental, tanto en escuelas como en comunidades, ayuda a las personas a comprender los problemas, desarrollar habilidades para abordar estos desafíos y motivar a otros a participar en soluciones colectivas.

El cambio individual y comunitario también es clave para la acción climática. Las decisiones que tomamos como consumidores, desde la elección de productos sostenibles hasta la reducción de residuos y el ahorro de energía, tienen un impacto real. Si bien cada acción individual puede parecer pequeña, el efecto acumulado de millones de personas haciendo cambios en su estilo de vida es inmenso.

Además, las comunidades que implementan prácticas sostenibles, como la gestión eficiente del agua, el uso compartido de transporte y la promoción de espacios verdes, no solo reducen su huella de carbono, sino que también sirven de ejemplo e inspiración para otras comunidades.

La participación activa de la sociedad en políticas de sostenibilidad también es fundamental. Desde apoyar políticas que incentiven el uso de energías limpias hasta exigir mayor transparencia y responsabilidad a empresas y gobiernos, el papel de la ciudadanía es crucial en la transición hacia un modelo de desarrollo más respetuoso con el medio ambiente. En última instancia, el cambio climático es un problema global que nos afecta a todos, y la solución requerirá que cada persona, desde los líderes políticos hasta los ciudadanos de a pie, asuma su responsabilidad y tome medidas para proteger el planeta.

En conclusión, la sociedad no solo es víctima de los efectos del cambio climático, sino que también es una parte esencial de la solución.

Un Futuro Sostenible para el Mediterráneo

El Mediterráneo, con su riqueza en biodiversidad, cultura e historia, es una región única que enfrenta una amenaza sin precedentes debido al cambio climático. Proteger esta región y sus ecosistemas no es solo una responsabilidad ambiental, sino también un deber hacia las generaciones futuras que dependen de sus recursos. La urgencia de actuar no puede subestimarse; cada año que pasa sin tomar medidas decisivas acelera la pérdida de hábitats, el deterioro de la calidad del agua y el aumento de fenómenos climáticos extremos, como las sequías y las inundaciones, que afectan directamente a las comunidades locales y al entorno natural.

La visión de un Mediterráneo resiliente y libre de carbono es tanto un reto como una aspiración posible. Imaginemos un futuro donde las costas mediterráneas están protegidas, donde la contaminación ha disminuido gracias a una transición hacia energías limpias, y donde la pesca y la agricultura se gestionan de manera sostenible para preservar los ecosistemas marinos y terrestres. En este futuro, los países de la región colaboran para implementar prácticas de gestión del agua que aseguren la disponibilidad de este recurso vital, incluso en tiempos de escasez.

Para lograr esta visión, es esencial avanzar hacia una economía descarbonizada que reduzca la dependencia de los combustibles fósiles y fomente el uso de energías renovables como la solar y la eólica. Esto requiere compromisos firmes de gobiernos, empresas y ciudadanos, quienes deben entender que cada acción cuenta y que cada decisión puede contribuir a un Mediterráneo más limpio, seguro y resiliente. Este esfuerzo colectivo no solo beneficiará a la región, sino que también servirá como ejemplo global de cómo una región vulnerable puede unirse para enfrentar los desafíos climáticos con responsabilidad y determinación.

Un Mediterráneo sostenible es un legado que podemos construir juntos, y el momento de actuar es ahora.

Compromiso con las Generaciones Futuras

El cambio climático nos plantea una pregunta esencial: ¿qué legado queremos dejar a las generaciones que vendrán después de nosotros? Inspirar la acción climática no es solo una necesidad urgente, sino un compromiso ético con quienes heredarán el planeta. Cada paso que demos hoy en la protección de nuestros ecosistemas, la reducción de emisiones y el desarrollo de prácticas sostenibles es una contribución directa al bienestar y seguridad de las futuras generaciones. Este esfuerzo no se trata únicamente de frenar un problema; es una oportunidad para construir un mundo mejor, donde el desarrollo esté alineado con la preservación del entorno natural.

Actuar ahora significa darles a las próximas generaciones las herramientas para prosperar en un mundo saludable y equitativo. La lucha contra el cambio climático es una tarea monumental, pero está llena de pequeñas decisiones cotidianas y políticas concretas que, en conjunto, tienen el poder de transformar el futuro. Cada compromiso que hacemos hoy es una promesa de esperanza para quienes vendrán, asegurando que tendrán acceso a agua limpia, aire puro y ecosistemas ricos en biodiversidad.

En conclusión, la importancia de actuar hoy para garantizar un mañana seguro es clara y apremiante. Cada acción cuenta, y cada individuo tiene un papel crucial en esta misión colectiva. Juntos, podemos dejar un legado de resiliencia, innovación y respeto por el planeta que inspire y sostenga a las generaciones futuras. Actuar por el clima no es solo un acto de responsabilidad, sino una manifestación de nuestra voluntad de construir un mundo donde el bienestar de todos —personas y naturaleza— sea una prioridad compartida.

Apéndice: Referencias Científicas y Bibliografía

- **IPCC (Panel Intergubernamental sobre Cambio Climático)**. (2021). *Sixth Assessment Report: Climate Change 2021.* Disponible en: https://www.ipcc.ch/report/ar6/wg1/
- **Sovacool, B. K., Axsen, J., & Sorrell, S.** (2018). *Promoting novelty, rigor, and style in energy social science: Towards codes of practice for appropriate methods and research design. Energy Research & Social Science,* 45, 12-15. Disponible en: https://doi.org/10.1016/j.erss.2018.07.018
- **European Environment Agency (EEA)**. (2021). *Trends and projections in Europe 2021: Tracking progress towards Europe's climate and energy targets.* Disponible en: https://www.eea.europa.eu/publications/trends-and-projections-in-europe-2021
- **International Energy Agency (IEA)**. (2021). *Net Zero by 2050: A Roadmap for the Global Energy Sector.* Disponible en: https://www.iea.org/reports/net-zero-by-2050
- **Rockström, J., et al.** (2009). *A safe operating space for humanity. Nature,* 461(7263), 472-475. Disponible en: https://doi.org/10.1038/461472a

- **García, R., Royo, J., & Serrano, M.** (2020). *Energía y sociedad en el siglo XXI: Perspectivas sobre la transición energética en Europa. Revista de Estudios Europeos*, 3(5), 12-24.

- **World Resources Institute (WRI)**. (2022). *State of Climate Action: Evaluating Progress Towards 2030 and 2050.* Disponible en: https://www.wri.org/research/state-climate-action-assessing-progress-toward-2030-and-2050

- **Stern, N.** (2007). *The Economics of Climate Change: The Stern Review*. Cambridge University Press.

- **Unión por el Mediterráneo**. (2020). *Estrategia Regional Mediterránea sobre Cambio Climático*. Disponible en: https://climate-adapt.eea.europa.eu/es/countries-regions/transnational-regions/mediterranean#:~:text=La%20iniciativa%2C%20adoptada%20por%20la%20Comisi%C3%B3n%2 0Europea%20y,y%20resiliente%3B%20%283%29% 20una%20mejor%20gobernanza%20del%20mar.

- **Allen, M. R., et al.** (2018). *Global Warming of 1.5 °C: An IPCC Special Report on the impacts of global warming of 1.5 °C above pre-industrial levels and related global greenhouse gas emission pathways.* Disponible en: https://www.ipcc.ch/sr15/

- **Friedlingstein, P., et al.** (2020). *Global Carbon Budget 2020. Earth System Science Data*, 12(4),

3269-3340. Disponible en: https://doi.org/10.5194/essd-12-3269-2020

- **International Renewable Energy Agency (IRENA).** (2021). *World Energy Transitions Outlook: 1.5°C Pathway.* Disponible en: https://www.irena.org/publications/2021/Jun/World-Energy-Transitions-Outlook

- **United Nations Environment Programme (UNEP).** (2021). *Emissions Gap Report 2021: The Heat Is On.* Disponible en: https://www.unep.org/resources/emissions-gap-report-2021

- **Gielen, D., et al.** (2019). *The role of renewable energy in the global energy transformation. Energy Strategy Reviews,* 24, 38-50. Disponible en: https://doi.org/10.1016/j.esr.2019.01.006

- **Pérez, L., & Saavedra, M.** (2021). *La sostenibilidad energética y el cambio climático en el Mediterráneo. Revista Mediterránea de Medio Ambiente,* 8(2), 34-47.

www.ingramcontent.com/pod-product-compliance
Lightning Source LLC
Chambersburg PA
CBHW070117230526
45472CB00004B/1307